U0306200

上海市植物保护学会
纪念专集

图书在版编目（CIP）数据

上海市植物保护学会纪念专集：2015—2022 / 上海市植物保护学会编. --北京：中国农业科学技术出版社，2023.4

ISBN 978-7-5116-5527-1

Ⅰ.①上…　Ⅱ.①上…　Ⅲ.①植物保护-学术会议-文集　Ⅳ.①S4-53

中国版本图书馆CIP数据核字（2021）第 200579 号

责任编辑　王惟萍
责任校对　王　彦
责任印制　姜义伟　王思文

出 版 者　中国农业科学技术出版社
　　　　　　北京市中关村南大街 12 号　　邮编：100081
电　　话　（010）82106643（编辑室）　　（010）82109702（发行部）
　　　　　　（010）82109709（读者服务部）
网　　址　https://castp.caas.cn
经 销 者　各地新华书店
印 刷 者　北京地大彩印有限公司
开　　本　210 mm × 285 mm　1/16
印　　张　6.5
字　　数　120 千字
版　　次　2023 年 4 月第 1 版　　2023 年 4 月第 1 次印刷
定　　价　98.00 元

《上海市植物保护学会纪念专集（2015—2022）》

编 委 会

主 编： 高永东 常文程

编 委： 殷海生 武向文 华正国 李秀玲 李碧澄 陶毓琴

丁国强 成 玮 彭 震 罗金燕 陈 磊 田如海

赵 莉 张颂函 沈慧梅 芦 芳 李 程 陈 秀

黄兰淇

主 审： 郭玉人

前　言
PREFACE

　　上海市植物保护学会自 1965 年成立以来，锐意进取、开拓创新，经过 57 年的发展，在上级部门和有关专家的大力支持和帮助下，在各会员单位和全体会员的共同努力下，已发展会员345 人，拥有会员单位 27 家，2020 年被上海市科学技术协会授予二星级学会。为了回顾历史、总结经验，更好地为社会、广大植物保护科技工作者和科技创新服务，促进上海市都市现代绿色农业高质量发展，学会决定编撰《上海市植物保护学会纪念专集（2015—2022）》。本专集根据历史资料及部分老领导、老专家的回忆文章整理编撰而成，主要选取了第十届和第十一届学会理事会举办的重要活动、会员单位和学会成员组织参加的活动及获取的奖项进行展示。

　　未来，学会将继续深入贯彻落实国家乡村振兴战略，加强协同创新，为政府部门、科研单位和各会员搭建"产学研"交流平台，促进植物保护事业健康发展，推动上海市特色都市农业再上新台阶。感谢各部门领导、专家、学者及会员对上海市植物保护学会的支持和帮助！

　　由于时间仓促，编者水平所限，不足之处在所难免，敬请读者批评指正。

编　者

2022 年 12 月

目 录
CONTENTS

加强植保科技创新

服务上海都市农业

中国植物保护学会理事长 陈晓

二0二一年二月八日

推动植保科技创新
促进农业绿色发展
　　上海市昆虫学会理事长　王和会
　　二〇二一年四月一日

藏粮于技

绿色植保创新先行

上海市植物病理学会
理事长 陆少农
二〇二一年三月三十一日

学会概况

学会简介

上海市植物保护学会（简称：学会）成立于 1965 年 1 月 17 日，现挂靠于上海市农业技术推广服务中心（简称：上海农技中心），是一个科技性、学术性、非营利性组织，下设理事会、监事会、党的工作小组，现有理事长 1 人（兼党的工作小组组长）、监事长 1 人、副理事长 7 人、理事 29 人、秘书长 1 人。

经过第十届和第十一届理事会的发展，学会会员由 100 余人发展至 345 人（正高级 10.3%，副高级 36.6%，中级及以下 53.1%），会员单位发展至 27 家（上海交通大学、复旦大学、中国科学院、上海市农业科学院、上海农技中心等）。2019 年，根据上海市科学技术协会的要求，学会成立中共上海市植物保护学会党的工作小组，郭玉人同志为党的工作小组组长。学会的宗旨是团结广大植物保护工作者，加强各学科之间的联系，开展本学科、多学科、综合性的学术交流和研讨活动，普及植物保护的学科技术知识，提高植物保护的科学技术水平，发挥植物保护工作在科技兴农中的作用。

主要工作

学会以引领上海市都市绿色农业发展为宗旨，以团结、服务广大植物保护科技工作者为导向，牢记学会宗旨，认真履行职责，组织会员开展各项活动，为上海市农业生产和植物保护事业的发展做出了重要贡献。

——积极开展学术交流，服务科学技术创新。学会坚持学术年会制度，不断提高学术交流质量，同时与会员单位联合举办各类学术研讨会、论坛、现场会、病虫害发生趋势协商会等，除了开展国内学术交流，学会还积极组织会员参与国际交流。自第十届理事会以来，学会举办各种国内学术交流活动 120 次左右，参加活动人数达到 20 000 人次以上，组织国际交流活动 20 次以上。这些学术交流活动提高了广大技术人员的业务水平，对植物保护学科的发展起到了重要的促进作用。

2015 年 4 月，时任全国农业技术推广服务中心主任陈生斗，在上海农技中心主任朱建华、学会理事长郭玉人的陪同下，考察上海农技中心和学会

——努力做好技术培训，提高专业技术水平。自 2015 年来，学会及会员单位组织举办各种培训班 330 期左右，参加人数 28 000 人次左右。内容主要涉及安全用药培训、绿色防控技术培训、病虫害测报与防治技术培训、新型农药（械）使用技术培训、《农作物病虫害防治条例》等政策法规宣贯培训等，及时按照农事活动内容进行分期培训，并发放农业政策法规和技术手册、挂图等宣传材料，全面提高从业人员的技术水平和综合素质。

——大力开展科普宣传，提高市民科技素质。不定期编辑出版学会简讯及其他有关植物保护方面的科普书刊。为了普及植物保护科学知识，第十届和第十一届学会与中国科学院上海昆虫博物馆等有关会员单位积极合作开展科普展览、科普讲座、研学科考等形式多样、内容丰富多彩的活动，累计科普活动 140 场左右，参与人数达 10 万余人次。

——组织科技下乡活动，指导农民进行病虫害防治。为了实现上海市乡村振兴，服务上海市"三农"，学会每年参加"3·15"活动，发放用药安全宣传资料，开展现场咨询服务，普及相关法律法规，帮助农民学法懂法，维护自己的合法权益，总计受益群众达 3 000 余人。

学会多次组织技术干部科技下乡，深入田间地头指导农民科学防治病虫害，开展咨询服务，发放农资、科普读物、宣传资料等。2015 年以来，累计组织科技下乡活动 300 余次，发放科普读物 2 万余册、宣传资料 15 万余份。科技下乡活动的开展提高了农民防治病虫害的技术水平。

2021 年 9 月，上海市农业农村委员会党组成员、副主任叶军平在金山区调研水稻病虫害防控情况

——服务社会管理创新，推荐优秀科技人才。开展了评价评估和内部奖励评选工作，接受政府或其他事业单位的委托开展第三方评价工作。如上海市农作物农药使用调查、草莓绿色防控绩效评估等。结合学术会议，开展2次论文的征集和评选，鼓励年轻会员参与并进行表彰；开展学术活动，向全国推荐学会的优秀人才等。

——承担政府委托职能，积极做好"三农"服务。对国家有关植物保护方面的重大科学技术政策法规和技术措施、重要研究课题以及在植物保护教学、科研和技术工作中存在的问题等，积极提出合规化建议，发挥技术咨询作用。学会承担政府委托任务，自2019年起，学会承担了上海市主要农作物病虫害防治用药及绿色防控产品推荐工作，形成了《上海市推荐农药及非农药类绿色防控产品资料汇编》，完成了《上海市农药用药情况调查报告和减量技术推广》《植保无人机应用现状及问题分析》，承担了《上海市农业外来入侵物种普查》工作等。这些工作对于引导农民使用高效低毒低残留农药，提高防治效率和效果，维护生物安全和粮食安全发挥了重要作用。

——制定完善规章制度，加强学会管理工作。学会安排专人负责会员的信息管理工作。建立会员信息档案，每年对新会员进行登记，定期对老会员的资料整理核实。目前，学会已将全体会员信息录入中国植物保护学会系统，发放了会员证书，并借用中国植物保护学会管理系统对会员进行统一管理。

每年，及时认真做好上级文件、精神的传达。对重要精神及时传达到各理事单位，由各理事单位分头组织会员进行学习。严格按照上海市科学技术学会和上海市社会团体管理局以及财务规范要求做好财务管理，严格按照学会章程进行财务管理，学会的所有收入和支出均详细记账，专人负责，财务报销由理事长审批。为加强对学会的管理，更好地服务社会，根据中国科学技术学会、上海市科学技术协会的要求，学会制定了一系列规章制度:《上海市植物保护学会章程》《上海市植物保护学会财务报销审批有关规定》《上海市植物保护学会货币资金管理制度》《上海市植物保护学会财务票据管理制度》《上海市植物保护学会"科技工作者道德准则"实施细则》《会员诚信档案》《会员通讯录和联络员制度》等。

取得成就

2018 年学会被评为上海市一星级学会；2019 年学会被《中国植保导刊》评为农业技术推广通联先进集体；2020 年初，学会向上海市红十字会捐款 1 万元以支援抗击新冠疫情，上海市红十字会为学会颁发了荣誉证书；2020 年学会被上海市科学技术协会授予二星级学会。副理事长陈捷主持的项目"木霉菌资源筛选与植物病害生物防治技术创新与应用"荣获 2016 年度上海市科技进步奖一等奖；副理事长鞠瑞亭主持的项目"外来入侵物种精准绿色防控技术及应用"荣获上海市科技进步奖二等奖；会员黄俭荣获 2019—2021 年度全国农牧渔业丰收奖农业技术推广贡献奖；会员罗金燕当选国际植物检疫措施标准术语小组（中文）专家。

经过第十届和第十一届理事会的努力，学会取得了多项成就和荣誉。近年来学会和各会员单位出版了《农药安全使用手册（第 2 版）》《稻麦油菜主要病虫害预测预报技术》《上海市粮油作物病虫草害防治技术》《上海市蔬菜病虫草害防治技术》《上海地区柑橘病虫害绿色防控手册》《上海地区桃病虫害绿色防控手册》《上海市蔬菜作物化学农药减量途径和技术》《绿叶菜田杂草识别与防除》等专业著作及科普书籍 10 余部。除了专业书籍，学会还组织编写了论文集 3 部（包含专业论文 180 余篇），参与制定、修订地方标准 6 个。

多年来，学会工作取得的成绩是中国植物保护学会、全国农业技术推广服务中心、上海市科学技术协会、上海市农业农村委员会等领导单位大力支持和高度重视的结果，是兄弟单位大力帮助、全体会员单位及会员共同努力的结果，在今后的工作中，学会将再接再厉，做出更大成绩。

2018 年，学会被上海市科学技术协会授予一星级学会称号

2020 年，学会被上海市科学技术协会授予二星级学会称号

2019 年，学会被《中国植保导刊》评为农业技术推广通联先进集体

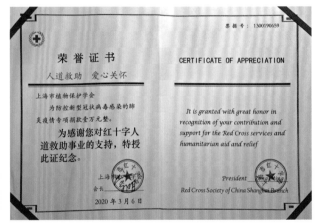

2020 年 3 月，面对新冠疫情的严峻形势，学会向上海市红十字会捐款 1 万元以支援抗击新冠疫情，上海市红十字会颁发证书予以感谢

学术交流

学术交流活动是促进学会与会员关系、满足会员基本需要、凝聚植保科技工作者的基础，也是提高学会影响力和凝聚力的主要途径，是学会不断发展和进步的动力。

国内交流

长期以来，学会坚持学术年会制度，不断提高学术交流质量。在注重打造年会综合学术活动平台的同时，还与分支机构、不同学科的兄弟单位、科研教学单位、国家重大研究项目以及企事业单位联合举办各种学术研讨会、论坛、座谈会、现场会、展示会、专题报告会、病虫害发生趋势协商会等。

2015 年，上海农技中心主任朱建华受邀参加"第 31 届中国植保信息交流暨农药械交易会"

2017 年 5 月，上海市植物保护学会、上海市植物病理学会 2017 年学术报告会（一）

2017 年 5 月，上海市植物保护学会、上海市植物病理学会 2017 年学术报告会（二）

2017 年 5 月，中国工程院院士陈剑平做"新时期重塑我国植保科技与推广体系的思考"学术报告

2017 年 5 月，华东理工大学李忠教授做"绿色农药开发与应用"学术报告

2017 年 5 月，上海交通大学陈捷教授做"木霉菌系统防控玉米病害机理与应用"学术报告

近年学会组织编写的会议论文集

2018 年 5 月，上海市植物保护学会和上海市植物病理学会在上海交通大学农业与生物学院联合主办"第一届上海市植物病害生物防治学术研讨会"

2018 年 10 月，学会理事长郭玉人参加"上海市科学技术协会第十六届学术年会暨第十三届上海工程师论坛"

2019年1月，学会理事、华东理工大学王伟教授参加了中国植物病理学会在河南省郑州市主办的"第十届中国植物土传病害与生物防治学术研讨会"

2019年10月，学会副理事长鞠瑞亭研究员在上海市崇明区参加华东师范大学组织的"国际生态岛科学研讨会"，并做专题报告

国际交流

　　除了开展国内学术交流，学会还积极组织会员参与国际交流活动，第十届和第十一届学会会员参加国际交流活动 20 次以上。通过一系列国际交流活动，展示应用研究成果，分享成功经验，与各国植物保护界学者及从业者进行了更加深入的交流和合作前景的展望，推动了上海市植物保护领域的国际学术交流与合作，对植物保护学科的发展和技术水平的提高起到了重要的促进作用。

2016 年，学会部分会员受邀参加中韩迁飞害虫交流会

2017 年 5 月，韩国代表团到访上海农技中心

2017 年，韩国代表团来访并赴奉贤区调查长三角地区水稻病虫害发生情况

2018 年 10 月，佛罗里达大学 Jiri Hulcr 博士到会员单位上海市园林科学规划研究院进行交流

2019 年 5 月，韩国代表团来访，考察交流中韩合作防控灰飞虱情况（一）

2019 年 5 月，韩国代表团来访，考察交流中韩合作防控灰飞虱情况（二）

2019 年 6 月，日本农药零售行业人员前往浦东新区"沧海桑田"参观访问，并交流植保无人机施药的应用情况

2019 年 8 月，佛罗里达大学 Jiri Hulcr 博士和佛罗里达州农业部的研究人员再次来到会员单位上海市园林科学规划研究院，参观植物保护研究所实验室，并进行学术交流

2019 年 10 月，学会会员蒋杰贤研究员和季香云研究员赴韩国参加"全罗南道国际农业博览会"及"第二届国际昆虫产业研讨会"

技术培训

为从根本上提高广大农业从业者的自身素质和科技水平，培养和造就新型农民队伍，根据上级要求，结合农户的实际需要，针对专业农民培训的不同要求，学会及会员单位组织了各类培训。培训内容以新型植保机械使用与维修技术、农药安全科学使用技术、农作物病虫害绿色防控技术及农药减量示范试验为主，尤其是通过示范区试验讲授农药减量增效的意义及带来的好处。培训用面对面的交流方式讲授新型植保机械的发展趋势与当地适用的植保机械使用及维修技术、农药的安全使用规范知识，在授课中进行随时提问、现场答疑，就培训内容与学员互动，切实帮助农民解决生产中的实际问题，同时也增加了学会的影响力。全面贯彻落实"科学植保、公共植保、绿色植保"，大力推动农药减量增效，加快新技术、新产品的推广应用，全面提升广大农民安全用药意识和植保机械使用技术水平。学会与全国农业技术推广服务中心、上海农技中心、先正达（中国）投资有限公司共同举办"科学安全用药大讲堂"——百县万名新型职业农民科学安全用药培训等。2019 年 10 月，"全国水稻穗期病害预防技术观摩培训现场会"在上海市召开，全国水稻主产区的植保人员 50 余人参加了会议。自 2015 年以来，共举办各类培训班 330 期左右，参与人数 28 000 人次左右。

安全用药培训

2019 年，学会与先正达（中国）投资有限公司在各郊区开展安全用药培训

百县万名新型农民科学安全用药培训

2019 年，学会与全国农业技术推广服务
中心、上海农技中心、先正达（中国）
投资有限公司举办科学安全用药大讲堂

2019 年，学会组织蔬菜绿色生物农药的
使用技术培训会

2020 年，学会与先正达（中国）投资有限公司共同对农民开展安全用药培训

2020 年，在奉贤区开展安全用药培训

绿色防控技术培训

2019 年，在浦东新区开展绿色防控知识现场培训，时任学会秘书长武向文在现场向农民讲解绿色防控知识

2019 年，时任学会秘书长武向文在水稻绿色防控技术示范观摩培训现场进行讲解

2020 年，蔬菜田利用性诱剂等进行绿色防控技术集成与示范

2020 年，在奉贤区黄桃生产基地利用迷向丝防治梨小食心虫

2020 年 6 月，利用百日菊等蜜源植物进行生态绿色防控技术集成与示范

2021 年，在金山区枫泾镇利用杀虫灯、蜜源植物等进行设施蔬菜生态绿色防控技术集成与示范

2021 年，在金山区亭林镇进行"稻鸭共作"防治水稻虫害的绿色防控示范

农药安全
使用手册

■ 上海市农业技术推广服务中心 编著

NONGYAO ANQUAN
SHIYONG
SHOUCE

上海科学技术出版社

第2版

农 药
安全使用手册

上海市农业技术推广服务中心 ● 编著

上海科学技术出版社

丁国强 彭震 主编

上海菜田主要杂草
识别图册

上海科学技术出版社

稻 麦 油菜
主要病虫害预测预报技术

DAO MAI YOUCAI
ZHUYAO BINGCHONGHAI
YUCE YUBAO JISHI

武向文 主编

首批全国优秀出版社 中国农业出版社

新型职业农民培育工程规划教材

蔬菜植保员培训教程

◎丁国强　姜忠涛　主编

中国农业科学技术出版社

上海蔬菜作物
化学农药
减量途径和技术

丁国强　主编

上海科学技术出版社

上海地区

蒋飞　田如海◎主编

柑橘病虫害
绿色防控手册

SHANGHAI DIQU
GANJU BINGCHONGHAI LUSE FANGKONG SHOUCE

首批全国优秀出版社　中国农业出版社
农村读物出版社

上海地区

胡育海　田如海◎主编

桃病虫害
绿色防控手册

SHANGHAI DIQU
TAO BINGCHONGHAI LUSE FANGKONG SHOUCE

首批全国优秀出版社　中国农业出版社
农村读物出版社

病虫害预测与防治技术培训

2016 年 4 月，学会组织开展病虫害测报与绿色防控技术培训班

2019 年 4 月，学会组织开展青浦区病虫草害发生与防治和上海市推荐农药使用技术培训班

2019 年 4 月，学会组织开展青浦区病虫草害发生与防治和上海市推荐农药使用技术培训班

2019 年 10 月，部分会员参加全国水稻穗期病害预防技术观摩培训现场会

2021 年，上海农技中心组织开展草地贪夜蛾识别与防治培训

新型药械使用技术培训

2017 年，水稻高效植保机械化技术的示范和推广

2018 年，在奉贤区开展果园植保机械化技术示范和推广

2018 年，果园植保机械示范推广试验

2020 年，在水稻田利用无人机喷药示范及培训

2021 年，在金山区开展无人机飞防用药示范及培训

2018 年，上海市农药经营许可审查细则宣贯培训

2020 年，上海市农药经营人员培训

2020 年，检疫人员进学校普及检疫知识

2021 年，学会会员进行《农作物病虫害防治条例》宣贯培训

科技服务

乡村振兴，科技先行。一直以来，学会工作紧紧围绕着上海市乡村振兴，一如既往地秉承开放、合作、共赢的理念，为会员单位和上海市植物保护工作提供优质便捷的科技服务，加快先进的植保科技及时进村入户，科学指导病虫害防治，保障了上海市都市现代绿色农业高质量发展。

科技下乡

近年来为了实现上海市乡村振兴，服务上海市"三农"，学会多次组织技术干部科技下乡，深入田间地头帮助指导农民科学防治病虫害，进行疫情检测，开展咨询服务，发放农资及科普读物等。学会每年于 3 月 15 日组织"3·15"农资下乡，发放用药安全宣传资料、先进的农技知识书籍，设置展览板，开展现场咨询服务，普及相关法律法规，帮助农民学法懂法、维护合法权益，受益群众达 3 000 余人。

2016 年，在"3·15"农资下乡活动中给农民发放农资及科普读物

2017 年，农业知识科普及农资下乡活动现场

2018 年 9 月，科技人员与上海海关在青浦区联合开展植物检疫宣传，发放资料

防治指导

2016 年，植保技术人员在桃园指导病虫害防治

2017 年，基层农技人员指导水稻病虫害防治

2017年4月，学会理事长郭玉人在上海航育种子基地考察

2018 年，科技人员在浦东新区进行草莓红蜘蛛药效试验调查

2019 年 6 月，学会组织"绿色先行，党员争先——科技入户田间课堂"活动，指导农户进行科学防治

2019年9月，科技人员在光明集团进行蔬菜疫情监测调查

2020年，蔬菜植保科技人员下乡指导农户科学防治病虫害

2021 年 5 月，科技人员在奉贤区进行红火蚁疫情监测排查

2021 年 5 月，在上海市崇明区花博园区内进行植物疫情监测调查

2021 年 6 月，科技人员与上海海关在洋山港联合疫情调查

2021 年 7 月，学会理事长郭玉人在奉贤区庄行基地指导生态绿色调控技术综合示范工作

2021 年，科技人员在水稻田进行剪穗调查，指导穗腐病防治工作

科普宣传

近年来，为了普及植物保护科学知识，学会和有关会员单位积极开展了展览宣传、科普讲座、研学科考等活动，起到了很好的宣传效果。累计科普活动 140 场左右，参与人数达 10 万余人次。

2016 年 12 月，会员单位中国科学院上海昆虫博物馆组织"国际自然保护节"青少年活动展，参观群众达 10 000 人次。2018 年 7 月，在浙江天目山和丽水举办 2 期科考夏令营，60 余名学生参加了科考活动。2019 年 7 月，在浙江天目山和安徽金寨天马国家级自然保护区举办 3 期科考夏令营，共 90 余名学生参加。通过一系列活动，提高了学生认识科学、热爱科学、保护自然的积极性，提升了市民对科学技术和生态农业的认知程度。

展览宣传

2016 年，学会组织青少年及市民参观中国科学院上海昆虫博物馆

2016年7—8月，中国科学院上海昆虫博物馆在山东淄博组织"蝴蝶展"，参观群众达 20 000 人次

2016年12月，中国科学院上海昆虫博物馆在建襄小学举办主题展览"蝶之翅"

2016 年 12 月，中国科学院上海昆虫博物馆组织"国际自然保护节"青少年活动展，参观群众达 10 000 人次

2016 年，学会组织市民参观上海航育种子基地，宣传航天育种相关技术

2017 年，学会组织科学认识转基因、农产品质量安全知识进社区活动

2018 年 5 月，学会在浦东新区组织农药安全与绿色生产知识科普宣传活动（一）

2018 年 5 月，学会在浦东新区组织农药安全与绿色生产知识科普宣传活动（二）

野趣推荐
未来的国蝶

地球上数量最多的动物是什么？是哺乳动物？是鸟类？是爬行类？都不是！通常，人们都会忽视个头小小的昆虫，却不料它们才是我们生存的这个星球上种类最多的动物群体。几乎超记了所有生物种类的50%，踪迹几乎遍布世界的每个角落。仔细想想，是不是在家里就能见到它们了呢？

欢迎来到昆虫之"家"——上海昆虫博物馆。

在这里，你可以和2亿年前精妙的化石标本合照，可以瞻叹巨大的铠甲武士——甲虫，可以寻觅身怀绝身技能的竹节虫，也能听到可爱螳螂欢快的歌声，还可以亲自动手制作精美的昆虫贺卡。经过一番探索，或许可以大大改变你对昆虫的看法哦！

全球珍凤蝶属于鳞翅目凤蝶科昆虫，极为罕见。大家可以在一楼第二展厅中间"W"型区域看到它的标本。它是国家一级保护动物，被列入《国际濒危凤蝶红皮书》。这种大型凤蝶的前翅有一条弧形全绿色的斑带，随上翅片闪烁着绚烂绿光，后翅中央有金黄色的斑块，后翅的尾部突出细长的一小截，颜色金黄。它常飞翔在林间的高空，时而停在花丛间，姿态优美，光彩照人。

△ 全球珍凤蝶

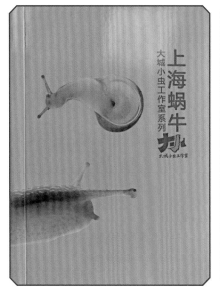

2021 年 7 月，中国科学院上海昆虫博物馆组织暑期展览"我和蝴蝶有个约会"

2021 年 7 月，中国科学院上海昆虫博物馆与上海汇金百货有限公司合作，组织科普进商场展览活动

科普讲座

2016 年 5 月，中国科学院上海昆虫博物馆在上海市闵行区浦江第三中学举办"昆虫与植物的故事"科普讲座活动

2016 年 5 月，中国科学院上海昆虫博物馆在宝山区顾村公园组织"虫鸣私语""家庭害虫防治"等科普宣传讲座

研学科考

2016年9月，中国科学院上海昆虫博物馆在浙江岱山组织"让我们拥抱科学"科学考察活动

2018年1月，中国科学院上海昆虫博物馆以"昆虫与化学"为主题开展冬令营活动

2018年7月，中国科学院上海昆虫博物馆在浙江天目山国家级自然保护区和丽水景宁畲族自治县举办了2期科考夏令营

2019年7月，中国科学院上海昆虫博物馆在浙江天目山国家级自然保护区、安徽金寨天马国家级自然保护区举办了3期科考夏令营

2019年，中国科学院上海昆虫博物馆组织青少年野外研学科考活动

2021 年 5 月，中国科学院上海昆虫博物馆组织"抽丝剥茧"活动

2021 年 10 月，中国科学院上海昆虫博物馆组织"我给昆虫穿新衣"活动

政府职能

近年来，学会积极承接政府职能转移，完成了上海市农药及非农药类防控产品推荐及化学农药使用情况、植保无人机应用现状调查等研究，积极推进外来生物普查等多项政府委托任务，有序地推进"三农"服务工作。

农药及绿色防控产品推荐

学会组织专家讨论并形成每年的《上海市推荐农药及非农药类防控产品名单》（简称：《推荐名单》），印发推荐产品使用技术指南，采用各种形式进行培训。《推荐名单》为绿色防控技术推广应用和农民科学、安全使用高效低毒低残留农药提供了指导作用。

受上海市农业农村委员会的委托，学会组织专家和技术人员开展了大量相关考察调研工作，形成了调研报告，如《2021 年上海市农药使用量分析报告》《2020 年上海市草地贪夜蛾监测防控工作总结》《植保无人机应用现状及问题分析》《主要农作物病虫害绿色防控技术研究》等。

2021 年上海市农药使用量分析报告

根据全国农业技术推广服务中心要求，结合上海市种植结构、病虫害发生趋势、气候影响、近年农药实际使用情况等因素分析，预计 2021 年我市农药总用量比 2020 年略有下降，具体分析如下。

一、2021 年农作物种植结构

据初步统计，2021 年上海市水稻种植面积 134.5 万亩（1 亩 ≈ 667m²），大麦、小麦种植面积合计 5 万亩，油菜种植面积 2.2 万亩，稻和麦比 2020 年略增加；园艺经济作物种植面积 20 万亩次，与 2020 年持平；果树种植面积 20 万亩，受冻害影响比 2020 年略减少；蔬菜种植面积 42 万亩，比往年略减少。

二、2021 年病虫害发生情况

2021 年夏熟作物病虫害总体为中等发生，其中小麦赤霉病、白粉病中等发生，局部偏重发生；蚜虫、黏虫、灰飞虱均为偏轻发生。

水稻虫害总体为中等至偏重发生，发生程度轻于 2020 年，其中，稻纵卷叶螟五（3）代中等发生，局部偏重发生；稻飞虱整体中等发生，灰飞虱、白背飞虱偏轻发生，局部中等发生，褐飞虱六（4）代中等发生，局部偏重发生；螟虫整体偏轻发生，二化螟发生程度略重于 2020 年，大螟与常年持平。水稻病害偏重发生，整体发病程度与 2020 年相仿，其中，纹枯病偏重发生；稻瘟病部分品种偏重至大发生，程度与 2020 年持平；稻曲病偏轻发生；穗腐病中等发生，局部田块发生较重；恶苗病中等发生，程度略重于 2020 年。

（下文略）

2020 年上海市草地贪夜蛾监测防控工作总结

一、2020 年上海市草地贪夜蛾相关工作开展

1. 各级领导高度重视、切实压实责任

在上海市农业农村委员会的高度重视和指导下，上海市农业技术推广服务中心于 3 月 5 日下发沪农技〔2020〕8 号文件《关于做好 2020 年草地贪夜蛾监测与防控工作的通知》（简称:《通知》）。《通知》要求全市各区高度重视，尽早做好监测和防控准备；强化监测，及时掌握虫情动态；科学指导，安全高效做好防控；加强宣传，广泛做好知识和技术普及。同时，向各区技术部门发布上海市 2020 年草地贪夜蛾监测与防控技术方案和草地贪夜蛾测报调查方法。各区农业技术推广服务中心确定相关技术负责人，切实有效做好信息对接、测报调查和防治指导。

2. 加大监测预警力度、做好信息上报

自 2020 年 3 月起，上海市农业技术推广服务中心组织全市开始草地贪夜蛾监测工作。对玉米、粮食和蔬菜作物开展草地贪夜蛾性诱监测，共设 72 个监测点，采购并发放 218 套性诱器材。田间玉米尚未种植时，对油菜、绿肥、小麦田和设施蔬菜进行监测。玉米种植后，实现上海市各区全覆盖监测。在奉贤区、金山区、光明集团鼎瀛农业公司 3 个点设置高空测报灯，37 个病虫害监测点常规测报灯配合监测。成虫监测持续到 11 月底。

针对草地贪夜蛾在田间的为害，上海市农业技术推广服务中心发动全市各级植保技术人员，在发现该虫为害前，每周进行普查 2 次；发现害虫后，每周定点调查 2 次，每月面上普查 2 次。各地在首次发现疑似害虫后，立即与上海市农业技术推广服务中心联系，通过鉴定查实，上报上海市农业农村委员会和全国农业技术推广服务中心，并在"全国草地贪夜蛾发生防治信息调度平台"上及时填报成虫、幼虫首见表，并启动周报工作直至 11 月底，共上报 245 期。

（下文略）

植保无人机应用现状及问题分析

植保无人机作为我国农业航空产业的重要组成之一，近年来的迅猛发展和应用引起了人们广泛的关注。伴随着我国城镇化建设进程的加快，大量农村劳动力向城市转移，农村土地通过流转的方式向集约化、规模化、专业化、组织化相结合的新型农业经营方式发展。原有的传统型植保喷洒作业方式已经难以满足现有大面积、规模化作业需求。为此，研发使用高效率、小型化、精准化的施药设备以解决我国当前施药困难的现状成为现代农业植保的必然。植保无人机高效省力、安全环保、节约成本、智能化程度高，符合现代农业生产的要求，真正解决了农业大户用工难及大型机械进田难的矛盾。本文梳理汇总了植保无人机研发、生产和应用的发展概况以及上海地区应用现况，分析了存在的主要问题，并提出相应的建议及对策。

一、国内外发展概况

1. 农业航空植保发展历史

农业航空植保最早从国外开始，1911 年德国人最早提出用飞机喷洒农药控制森林害虫的计划。1949 年美国开始研制专门用于农业的农用飞机，航空喷雾技术也有了很大的进步，从喷洒量大于 30 L/hm^2 的常量喷洒，发展到 5 ~ 30 L/hm^2 的低量喷洒，再到小于 5 L/hm^2 的超低量喷洒。美国是农业航空应用技术最成熟的国家之一，具有农业航空相关企业 2 000 多家，具备完善的协会管理制度，其中包括国家农业航空协会和近 40 个州级农业航空协会，美国的农业航空主要以有人驾驶固定翼飞机为主，在用飞机数量 4 000 架左右，年处理耕地面积 40% 以上，其中水稻植保作业完全采用航空作业方式。1987 年，日本最先研制成功载药量 20 kg 的喷药无人直升机 R-50，并于翌年开始限量销售，截至目前日本已经成为世界上植保无人机应用最先进的国家之一。韩国于 2003 年在农业植保领域引进无人机技术，近十年来发展迅速。现阶段韩国用于农业植保作业的无人机 500 余架。

（下文略）

外来生物普查

为了全面掌握上海市外来物种入侵状况和发生趋势，做好外来入侵物种普查工作，上海市农业农村委员会委托学会承担上海市相关工作，此项工作的开展可以进一步摸清上海市外来入侵物种的种类数量、分布范围、发生面积、为害程度等情况。

农　业　农　村　部
财　政　部
自　然　资　源　部
生　态　环　境　部　　文件
住房和城乡建设部
海　关　总　署
国　家　林　草　局

农科教发〔2021〕2 号

关于印发外来入侵物种普查总体方案的通知

各省、自治区、直辖市及计划单列市农业农村（农牧）厅（局、委）、财政厅（局）、自然资源主管部门、生态环境厅（局）、住房和城乡建设（园林绿化）主管部门、林业和草原主管部门，海关总署广东分署，各直属海关，新疆生产建设兵团农业农村局、财政局、自然资源局、生态环境局、住房和城乡建设局、林业和草原局：

为切实加强外来物种入侵防控，经国务院同意，农业农村部、自然资源部、生态环境部、海关总署、国家林草局联合印发了《进一

— 1 —

学会管理

换届选举

按照《上海市植物保护学会章程》有关规定，2015年召开了学会第十届换届大会，大会审议了学会工作报告、财务审计报告，修改了章程，选举郭玉人同志为理事长、陈捷等7名同志为副理事长、武向文同志为秘书长，开启了学会工作的新局面。

学会第十届换届大会，郭玉人当选为第十届学会理事长

2019年4月26日，召开了学会第十一届换届大会，与会代表听取和审议了学会工作报告、财务审计报告、章程修改报告、理事和监事选举办法，并逐项表决通过。会员代表大会无记名投票选举，产生了由29位理事组成的第十一届理事会和3位监事组成的第十一届监事会。

郭玉人同志再次当选为理事长，武向文同志为监事长，陈捷等7名同志为副理事长，李秀玲为秘书长。为加强党对学会工作的领导，又增设成立了党的工作小组，郭玉人同志为党的工作小组组长，这对学会的发展起到了积极的推动作用。

学会第十一届会员代表大会

投票选举第十一届学会理事会成员

公布第十一届学会理事会选举结果，郭玉人当选为第十一届学会理事长

成立第十一届学会党的工作小组，郭玉人同志任党的工作小组组长

规章制度

为加强对学会的管理，更好地服务社会，根据中国科学技术协会、上海市科学技术协会的要求，学会制定了一系列规章制度，如《上海市植物保护学会章程》（附件1）、《上海市植物保护学会财务报销审批有关规定》、《上海市植物保护学会货币资金管理制度》、《上海市植物保护学会财务票据管理制度》、《上海市植物保护学会"科技工作者道德准则"实施细则》、《会员诚信档案》、《会员通讯录和联络员制度》。这些制度明确了学会的职责，会员的权利和义务等问题；加强了财务管理，完善了财务管理制度；规范了会员的道德准则；实行电子档案管理，加强了会员联络，完善了组织建设。

附件 1

上海市植物保护学会章程

第一章 总 则

第一条 本会的名称是上海市植物保护学会（英文名称是 Shanghai Society of Plant Protection，缩写是 SSPP）。

第二条 本会依照《社会团体登记管理条例》的规定，由本市植物保护科学技术工作者及相关企事业单位自愿组成的科技类学术性非营利性的社会团体法人。

第三条 本会坚持中国共产党的全面领导，根据《中国共产党章程》的规定，设立中国共产党的组织，开展党的活动，为党组织的活动提供必要条件。若正式党员人数少于 3 名暂不具备单独建立党组织的条件，可以通过建立联合党组织或指定一名党员担任党建工作联络员或由上级党组织选派党建工作指导员等方式，在本会开展党的工作。

本会邀请党组织负责人参加或列席本会管理层会议。党组织对本会重要事项决策、重要业务活动、大额经费开支、接收大额捐赠、开展涉外活动等提出意见。

第四条 本会的宗旨：团结广大植物保护工作者，加强各学会之间的联系，开展本学科、多学科、综合性的学术交流和研讨活动，普及植物保护的科学技术知识，提高植物保护的科学技术水平，发挥植物保护工作在科技兴农中的作用。

第五条 本会的登记机关是上海市民政局，行业主管部门是上海市科学技术协会。本会接受登记机关和行业主管部门的监督管理和业务指导。

第六条 本会的住所和活动地域：上海市。

第二章　任务、业务范围、活动原则

第七条　本会的任务：

（一）开展学术交流活动；定期召开年会；组织专题学术讨论会、学术报告会、科学考察活动和协助有关部门评议学术问题，同时加强与其他有关学术团体的联系，共同开展多科性和综合性的学术研讨或组织科学考察活动等；

（二）对国家有关植物保护方面的重大科学技术政策法规和技术措施，重要研究课题以及在植保教学、科研和技术推广中存在的问题等，积极提出合理化建议，发挥技术咨询作用；

（三）开展植物保护科学知识的宣传普及，积极传播先进技术经验；

（四）不定期发布学会简讯，编写有关植物保护方面的科普书刊；

（五）根据农业现代化建设和科学发展的需要，举办各种培训班、讲习班或进修班等，提高会员及其他植物保护工作者的科学技术水平。

第八条　本会的业务范围：学术研究、学术交流、技术咨询、技术培训、科学普及、科学考察。

第九条　本会的活动原则：

（一）遵守宪法、法律、法规和国家政策，践行社会主义核心价值观，遵守社会道德风尚。自觉维护国家的统一、安全和民族的团结，自觉维护国家利益、社会公共利益以及其他组织和公民的合法权益，遵守社会公德和公序良俗，按照核准的章程开展公益性或者非营利性活动；

（二）民主办会，实行民主集中制，建立民主决策、民主选举和民主管理制度，领导机构的产生和重大事项的决策须经集体讨论，并按少数服从多数的原则作出决定；

（三）本会开展活动时，诚实守信，公正公平，不弄虚作假，不损害国家、会员和个人利益；

（四）本会遵循自主办会原则，工作自主、人员自聘、经费自筹。

第三章 会 员

第十条 本会由个人会员和单位会员组成。

第十一条 申请加入本会，必须具备下列条件：

（一）自愿加入本会；

（二）承认本会章程；

（三）个人会员：取得助理研究员、讲师、农艺师、工程师以上技术职称的植物保护工作者；或取得硕士以上学位的科技人员；或高等学校毕业，在研究、教学、生产、企事业单位和有关组织管理部门，从事植物保护工作 4 年以上，并具有独立工作能力和一定学术水平者；或虽非高等学校毕业，但从事植物保护工作多年，已具备一定工作经验和水平者；或热心和积极支持本会工作，并从事本学科工作的科学技术管理工作者。

单位会员：从事上海市植物保护科学技术的事业、科研、教学、企业等单位；或有志于从事上海市植物保护相关工作的事业、科研、教学、企业等单位。

第十二条 会员入会的程序：

（一）提交入会申请书；

（二）经理事会审核同意，并颁发同意吸收入会的有关证书。

第十三条 会员享有下列权利：

（一）本会的选举权、被选举权和表决权；

（二）参加本会的活动权；

（三）获得本会服务的优先权；

（四）查阅本会章程、规章制度、会员名册、理事名册、会议记录、会议决议、会议纪要、财务审计报告等知情权；

（五）提案权、建议权和监督权；

（六）入会自愿、退会自由；

（七）向本会提出给予从事科学技术活动的必要支持和帮助；

（八）法律、法规、规章以及本会章程规定的其他权利。

第十四条 会员履行下列义务：

（一）遵守本会的章程；

（二）执行本会的决议；

（三）维护本会的合法权益；

（四）完成本会交办的工作；

（五）向本会反映情况，提供有关资料；

（六）按规定缴纳会费；

（七）法律、法规、规章以及本会章程规定的其他义务。

第十五条 会员退会应向本会递交书面函件，并交回会员有关证书。

会员如在 2 年内无故不缴纳会费或不参加本会活动的，经理事会确认，视为自动退会。本会取消其会员资格。

第十六条 会员如有严重违反国家法律、法规、规章或本会章程的，经理事会 2/3 以上与会者表决通过，取消其会员资格并公示。

会员如对理事会取消会员资格决定不服，可提出申诉，由理事会作出答复，必要时提交会员代表大会审议后答复。

第十七条 本会建立完整的会员名册和会员诚信档案，并根据变化情况及时调整。

第四章 组织机构、负责人和监督机构

第十八条 本会的最高权力机构是会员代表大会。

第十九条 本会的负责人是指理事长、副理事长和秘书长。

本会负责人应当遵守法律、法规、规章和章程的规定，忠实履行职责，维护本会的权益，遵守下列行为准则：

（一）在职务范围内行使权利，不越权；

（二）不利用职权为自己或他人谋取不正当利益；

（三）不从事损害本会利益的活动。

第二十条 会员代表大会每届 4 年，到期应召开换届大会。如遇特殊情况，由理事会决定随时召开。因特殊情况需要延期换届的，须由理事会表决通过，报登记机关批准同意。延期换届最长不超过1年。

第二十一条 会员代表大会每年至少召开一次。会员代表大会须有2/3以上的会员代表出席方能召开，其决议须经到会会员代表2/3以上表决通过方能生效。

决定终止的会议，经实际到会会员代表过半数同意，决议方为有效。

召开会员代表大会，应提前7个工作日将大会的主要议题、召开时间、召开地点书面通知各会员代表。

经半数以上理事或者1/5以上会员提议，可以召开临时会员代表大会。如理事长不能或者不召集，提议理事或者会员可推选召集人。召开临时会员代表大会，理事长或召集人需提前通知全体会员代表并告知会议议题。

会员代表可以委托其他会员代表作为代理人出席会议，代理人应当出示授权委托书，在授权范围内行使表决权。每个会员代表只能接受一份委托。

第二十二条 会员代表大会的职权：

（一）制定或修改会员代表产生办法和程序；

（二）制定或修改章程；

（三）制定或修改会费标准；

（四）制定或修改理事长、副理事长、秘书长、理事、监事选举办法；

（五）选举或者罢免理事、监事；

（六）审议理事会的工作报告和财务报告；

（七）审议监事会的工作报告；

（八）改变或者撤销理事会不适当的决定；

（九）决定更名、终止等重大事宜；

（十）决定其他重大事宜。

第二十三条 本会设理事会，由会员代表大会选举理事组成。理事会为本会的执行机构，负责领导本会开展日常工作，对会员代表大会负责。

理事会任期4年，到期应当召开会员代表大会进行换届选举。如因特殊情况需要换届延期的，须经本会理事会表决通过，报登记机关批准同意。换届延期最长一般不超过1年。理事可连选连任。

第二十四条 理事会的职权：

（一）执行会员代表大会的决议；

（二）召集会员代表大会，并向大会提交工作报告和财务报告；

（三）起草章程草案，会费标准草案，监事、理事、负责人选举办法草案，提交会员代表大会审定；

（四）决定办事机构、分支机构、代表机构和实体机构的设立、变更或者终止，并向登记机关报告；

（五）决定会员的除名；

（六）选举或者罢免理事长、副理事长、秘书长；

（七）决定副秘书长和各机构主要负责人的聘免；

（八）领导各机构开展工作；

（九）制定内部管理制度；

（十）听取、审议秘书长的工作报告，检查秘书长的工作；

（十一）决定其他重大事项。

第二十五条 理事会每年召开至少 2 次会议，情况特殊可随时召开。

理事会会议由理事长负责召集和主持。有 1/3 以上理事提议，应当召开理事会会议。如理事长不能或者不召集，提议理事可推选召集人。召开理事会会议，理事长或召集人需提前 7 个工作日通知全体理事并告知会议议题。

理事会会议，应由理事本人出席。理事因故不能出席，可以书面委托其他理事代为出席，委托书中应载明授权事项。每个理事只能接受一份委托。

理事会须有 2/3 以上理事出席方能召开，其决议须经到会理事 2/3 以上通过方能生效。

增补理事，须经会员代表大会选举。特殊情况下可由理事会补选，但补选理事须经下一次会员代表大会确认。

监事会成员列席理事会会议。

第二十六条 本会会员代表大会、理事会进行表决，应当采取民主方式进行。选举理事、监事、监事长、负责人，制定或修改会费标准，应当采取无记名投票方式进行。

以上会议应当制作会议记录，形成决议的应当根据会议记录制作会议决议，由法定代表人签字确认，会后向全体会员公告。涉及重大事项应抄报登记机关及行业主管部门。

第二十七条 本会负责人、监事须具备下列条件：

（一）坚持党的路线、方针、政策，遵守国家法律法规；

（二）在本会业务领域内具有较大的影响和较高的声誉；

（三）最高任职年龄一般不超过 70 周岁；

（四）身体健康，能坚持正常工作；

（五）未受过剥夺政治权利的刑事处罚；

（六）具有完全民事行为能力。

第二十八条 本会法定代表人由秘书长担任。

本会法定代表人代表本会签署重要文件。

本会法定代表人不得同时担任其他社会团体的法定代表人。

第二十九条 有下列情形之一的人员，不能担任本会负责人：

（一）因犯罪被判处管制、拘役或者有期徒刑，刑期执行完毕之日起未逾 5 年的；

（二）因犯罪被判处剥夺政治权利正在执行期间或者曾经被判处剥夺政治权利的；

（三）曾在因违法被撤销登记的社会团体中担任负责人，且对该社会团体的违法行为负有个人责任，自该社会团体被撤销之日起未逾 3 年的；

（四）不具有完全民事行为能力的。

第三十条 本会理事长连任一般不超过 2 届，因特殊情况需继续连任的，须事先经行业主管部门和登记机关审查同意方可任职。

本会理事长行使下列职权：

（一）主持会员代表大会，召集、主持理事会会议；

（二）检查各项会议决议的落实情况；

（三）领导理事会工作；

（四）章程规定的其他职权。

第三十一条 本会秘书长一般为专职。秘书长在理事会领导下开展工作，行使下列职权：

（一）主持办事机构开展日常工作，组织实施年度工作计划；

（二）协调各分支机构、代表机构开展工作；

（三）拟订内部管理规章制度，报理事会审批；

（四）向理事会提议聘任或解聘副秘书长和各机构负责人人选；

（五）向理事会提议聘用或辞退各机构工作人员；

（六）向理事长和理事会报告工作情况；

（七）处理其他日常事务。

第三十二条 本会设日常办事机构秘书处，处理本会日常事务性工作。

秘书长负责主持秘书处日常工作。

设立日常办事机构须经理事会同意。

本会专职工作人员应当参加登记机关或行业主管部门组织的岗位培训，熟悉和了解社会团体法律、法规和政策，努力提高业务能力。

第三十三条 本会根据工作需要设立分支机构、代表机构，在本会领导下开展工作。

第三十四条 本会设监事会。监事会由3名监事组成，设监事长1名。监事长由监事会无记名投票选举产生或罢免。本会负责人、理事、财务和秘书处工作人员不得兼任监事。监事会每届任期与理事会相同，监事可以连选连任。

第三十五条 监事会的权利和义务：

（一）向会员代表大会报告工作；

（二）监督会员代表大会和理事会的选举、罢免；监督理事会履行会员代表大会的决议；

（三）检查本会财务和会计资料，向行业主管部门、登记机关以及税务、会计主管部门反映情况；

（四）列席理事会会议，有权向理事会提出质询和建议；

（五）监督理事会遵守法律和章程的情况。当理事长、副理事长、理事和秘书长等开展业务活动损害本会利益时，要求其予以纠正，必要时向会员代表大会或政府相关部门报告；

（六）主持召开本会内部矛盾调解会议，协调各方意见形成调解方案，督促调解方案的执行，必要时可提出解决方案并经会员代表大会审议通过后执行。

监事会监事应当遵守有关法律法规和本会章程，接受会员代表大会领导，切实履行职责。

第三十六条 监事会每半年必须召开一次会议，情况特殊可随时召开。

监事会会议由监事长负责召集和主持。有 1/2 以上的监事提议，可以临时召开监事会。如监事长因特殊原因不能履行职务时，可委托其他监事召集和主持。

监事会须有 2/3 以上监事出席方能召开，其决议应由全体监事半数以上通过方能生效。监事会的选举和表决，应采取民主表决方式进行，重大事项必须采用无记名投票方式表决。

第五章　财产的管理和使用

第三十七条 本会的收入来源于：

（一）政府资助和挂靠单位资助；

（二）理事单位资助；

（三）其他会员单位资助；

（四）会员的会费；

（五）在核准的业务范围内开展的专业会议和技术服务、技术咨询等活动的收入；

（六）其他合法收入。

第三十八条 本会的收入及其使用情况应当向会员代表大会公布，接受会员代表大会的监督检查。

本会接受境外捐赠与资助的，应当将接受捐赠与资助及使用的情况向登记机关和行业主管部门报告。

第三十九条 本会取得的收入除用于与本会有关的、合理的支出外，全部用于登记核定或者本章程规定的公益性或者非营利性事业，不得在会员中分配。对取得的应纳税收入及其有关的成本费用、损失应与免税收入及其有关的成本、费用、损失分别核算。

第四十条 本会的财产及其孳息不用于分配，但不包括合理的工资薪金支出。

本会专职工作人员的工资、福利待遇等开支控制在规定的比例内，不变相分配本会的财产，其中，工作人员平均工资薪金水平不得超过上年度税务登记所在地人均工资水平的两倍，工作人员的福利按照国家规定执行。具体由理事会按照国家相应的政策规定制定执行，从本会收入中支付。

第四十一条　本会的资产，任何单位、个人不得侵占、私分和挪用。

资助人对投入本会的财产不保留或者享有任何财产权利。

第四十二条　本会执行《民间非营利组织会计制度》，依法进行会计核算，建立健全内部会计监督制度，保证会计资料合法、真实、准确、完整。

本会使用国家规定的社会团体票据。

本会接受税务、会计主管部门依法实施的税务监督和会计监督。

第四十三条　本会配备具有专业资格的会计人员。会计不兼任出纳。会计人员调动工作或离职时，必须与接管人员办清交接手续。

第四十四条　本会每年 1 月 1 日至 12 月 31 日为业务及会计年度，每年 3 月 31 日前，理事会对下列事项进行审定：

（一）上年度业务报告及经费收支决算；

（二）本年度业务计划及经费收支预算；

（三）财产清册。

第四十五条　本会进行换届应当进行财务审计，更换法定代表人应当进行法定代表人离任审计，并将审计报告报送登记机关。本会注销清算前，应当进行歇业财务审计。

第六章　年度检查、重大事项报告及信息公开

第四十六条　本会按照《社会团体登记管理条例》规定接受登记机关组织的年度检查。

第四十七条　本会按照登记机关重大事项报告的相关要求，履行报告义务。

第四十八条　本会按照登记机关信息公开的相关要求，履行信息公开义务。

第七章 终止和剩余财产处理

第四十九条 本会有以下情形之一，应当终止：

（一）完成章程规定的宗旨的；

（二）决议解散的；

（三）因分立、合并需要解散的；

（四）由于其他原因终止的。

第五十条 本会终止，应由理事会提出终止动议，经会员代表大会表决通过后 15 日内，向登记机关报告。

第五十一条 本会终止前，应当在登记机关、行业主管部门及其他有关机关的指导下成立清算组织，清理债权债务，处理善后事宜。

本会的剩余财产，应当在登记机关的监督下，用于公益性或非营利性目的，或者由登记机关组织捐赠给予本会性质、宗旨相同的社会公益组织，并向社会公告。

第五十二条 本会清算期间，不开展清算以外的活动；自清算结束之日起 15 日内，提交法定代表人签署的注销登记申请书和清算报告书，向登记机关申请注销，完成注销登记后即为终止。

第八章 附　　则

第五十三条 本章程经 2019 年 4 月 26 日第十一届第一次会员代表大会表决通过。

第五十四条 本章程的解释权属于本会理事会。

第五十五条 本章程的修改，须经理事会表决通过后，提交会员代表大会审议通过。会员代表大会审议通过后 30 日内，报登记机关核准。

第五十六条 本章程自登记机关核准后，自会员代表大会表决通过之日起生效。

第五十七条 本章程规定如与国家法律、法规、规章和政策不符，以国家法律、法规、规章和政策为准。

2019 年 4 月

上海市植物保护学会第一届理事会名单（1965 年）

理 事 长	王鸣歧
副理事长	游庆洪
秘 书 长	李郁盛
理　　事	吕承基　黄永绥　朱济生　仇畅宣　高士秀　梅斌夫　杨平澜　等

上海市植物保护学会第二届理事会名单（1978—1981 年）

理 事 长	王鸣歧
副理事长	游庆洪　刘德荣
秘 书 长	李郁盛
副秘书长	苏德明　江树俊
理　　事	唐洪元　任翠珠　周家琳　周生泉　黄永绥　朱济生　张又新　罗志义 李轶国　张永麻　高士秀　梅斌夫　邓正范　周惠良　许子良　石　鑫 邹光中　汪静宾　杨保国　王金其　徐承杰　于　仁

上海市植物保护学会第三届理事会名单（1981—1986 年）

理 事 长	王鸣歧
副理事长	苏德明　游庆洪　李郁盛
秘 书 长	陆有风
副秘书长	王瑞灿　黄荣根
理　　事	周家琳　张又新　许子良　杨保国　孙企农　任翠珠　王能武　李秩国 梅斌夫　应松鹤　朱济生　唐宏元　汪树俊　周生泉　张永麻　黄永绥 罗志义　邓正范　汪静宾　周惠良　朱　权　邹光中　王金其　徐承杰 于　仁

上海市植物保护学会第四届理事会名单（1986—1989年）

名誉理事长	王鸣歧						
顾　　问	李郁盛						
理　事　长	苏德明						
副理事长	黄荣根	游庆洪					
秘　书　长	陆有风						
常务理事	张又新	傅启文	唐洪元	应松鹤	陶维新	王瑞灿	朱济生	朱伟庆
理　　事	顾妙娟	汪树俊	罗志义	朱本明	任翠珠	黄永绥	孙企农	朱敬德
	周建业	周生泉	张永麻	于　仁	许子良	颜祥成	崔鹤如	沈仲元
	黄富英	邓正范	王平章	周惠良	徐承杰			

上海市植物保护学会第五届理事会名单（1989—1991年）

名誉理事长	王鸣歧						
顾　　问	李郁盛	游庆洪	王能武				
理　事　长	陆有风						
副理事长	黄荣根	袁全昌	王瑞灿	朱伟庆			
秘　书　长	陶维新						
副秘书长	张根桥						
兼职秘书	马以才	胡亚琴					
常务理事	陆有风	黄荣根	王瑞灿	袁全昌	朱伟庆	陶维新	唐洪元	任翠珠
	朱济生	王金其	黄汝增	嵇慈华	顾妙娟	孙企农	黄永绥	
理　　事	周惠良	朱本明	沈仲元	朱云娥	徐承杰	罗志义	戚大国	朱宗源
	黄富英	王平章	苏德明	张景春	杨士新	裴海林	崔鹤如	朱敬德
	于　仁	黄淑霞	周生泉	周建业				

上海市植物保护学会第六届理事会名单（1991—1997 年）

理 事 长	曲能治						
副理事长	陆有风	朱伟庆	周世明				
秘 书 长	罗明达						
副秘书长	严振汾	张根桥					
专职秘书	胡亚琴						
理　　事	苏德明	罗志义	王德明	王金其	朱云娥	黄富英	朱林龙	李汝铎
	戚大国	严帼仪	钱颂欢	陆锡康	徐国祥	李跃忠	顾妙娟	黄汝增
	姚瑞良	唐洪元	李强华	裴海林	唐尚杰			

上海市植物保护学会第七届理事会名单（1997—2001 年）

理 事 长	朱伟祖（1997 年 6 月 11 日—2000 年 3 月 22 日）						
	陈德明（2000 年 3 月 22 日—2002 年 11 月 14 日）						
副理事长	宋焕增	朱宗源	李跃忠				
秘 书 长	严振汾（1997 年 6 月 11 日—2000 年 3 月 22 日）						
	韩长安（2000 年 3 月 22 日—2002 年 11 月 14 日）						
副秘书长	罗明达						
理　　事	吴千红	丁德诚	倪长春	高文琦	夏希纳	吴菊芳	王冬生	王志通
	王志雄	陆锡康	蔡鹤良	王德明	陆善庆	王爱兴	李汝铎	顾贫博
	张夏清	陈碧莲	严帼仪	蒋建忠	俞强华	裴海林	潘士华	余敬堂

上海市植物保护学会第八届理事会名单（2001—2007 年）

理 事 长　　李跃忠

副理书长　　陈德明　韩长安　沈国辉　沈秋光　柳福春　陆锡康

秘 书 长　　严　巍

副秘书长　　罗明达

专职秘书　　池杏珍

理　　事　　潘士华　张玉良　胡育海　陈建生　汪明根　蒋建忠　张耀良　陈碧莲

　　　　　　　顾宝根　蔡鹤良　韩才明　夏希纳　沈健英　殷海生　高文琦　李雨龙

　　　　　　　郭玉人　白章红　张雅凤　王冬生

上海市植物保护学会第九届理事会名单（2007—2015 年）

理 事 长　　李跃忠

副理事长　　陈　捷　郭玉人　韩长安　蒋建忠　柳福春　潘士华　沈国辉

秘 书 长　　严　巍

理　　事　　龚才根　陈建生　汪明根　倪秀红　张耀良　陈碧莲　顾宝根

　　　　　　　金　燕　毕庆泗　吴千红　沈晓霞　殷海生　顾施彪　王冬生

　　　　　　　张梅萍　张士新　白章红　黄世广　黄秀根　武向文

上海市植物保护学会第十届理事会名单（2015—2019 年）

理 事 长　郭玉人

副理事长　陈　捷　白章红　鞠瑞亭　沈国辉　姚再男　张耀良　张士新

秘 书 长　武向文

监　　事　韩长安

理　　事　毕庆泗　陈碧莲　龚才根　冯镇泰　甘慧譁　顾士光　顾慧萍　顾施彪
　　　　　黄秀根　蒋建忠　李利珍　王　伟　王伟民　徐　霖　殷海生　袁永达
　　　　　钟　江　朱春刚　张岳峰

上海市植物保护学会第十一届理事会名单（2019—2023 年）

理 事 长　郭玉人

副 理 事 长　陈　捷　鞠瑞亭　龚才根　袁永达　姚再男　张耀良　陈仲兵

秘 书 长　李秀玲

监 事 会　武向文　黄秀根　滕　凯

党的工作小组　郭玉人　袁永达　张耀良

理　　事　王　伟　王伟民　田小青　冯镇泰　林齐文　毕庆泗　朱春刚　路凤琴
　　　　　汪明根　张岳峰　季香云　钟　江　倪　江　高　磊　徐　霖　顾士光
　　　　　顾慧萍　袁永达　殷海生　蒋建忠　胡育海　李秀玲

附录 2   上海市植物保护学会第十届会员名单

序号	姓名	性别	工作单位
1	白章红	男	上海海关
2	包士忠	男	崇明区农业技术推广中心
3	毕庆泗	男	上海植物园
4	蔡美红	女	青浦区农业农村委员会执法大队
5	曹宏伟	男	上海精锐建设发展有限公司
6	曾 蓉	男	上海市农业科学院
7	常文程	女	上海市农业技术推广服务中心
8	常晓丽	女	上海市农业科学院
9	陈 捷	男	上海交通大学
10	陈 磊	男	上海市农业技术推广服务中心
11	陈 磊	男	崇明区蔬菜科学技术推广站
12	陈 秀	女	上海市农业技术推广服务中心
13	陈碧莲	女	松江区农业技术推广中心
14	陈德章	男	崇明区蔬菜科学技术推广站
15	陈功友	男	上海交通大学
16	陈海英	女	嘉定区华亭镇农业服务中心
17	陈建波	男	上海市农业技术推广服务中心
18	陈连根	男	上海植物园
19	陈培昶	男	上海市园林科学规划研究院
20	陈上士	男	普陀区园林管理所
21	陈时健	男	浦东新区农业技术推广中心
22	成 玮	女	上海市农业技术推广服务中心
23	程 玉	女	宝山区农业农村委员会执法大队
24	程 元	男	宝山区蔬菜科学技术推广站
25	程梅初	男	嘉定区农业技术推广中心
26	池杏珍	女	上海市园林科学规划研究院
27	戴平平	男	青浦区蔬菜技术推广站
28	丁国强	男	上海市农业技术推广服务中心
29	丁新华	男	奉贤区庄行镇农业服务中心
30	董红金	女	上海徐行蔬果专业合作社
31	杜秀芳	女	浦东新区农业农村委员会执法大队
32	冯镇泰	男	上海农乐生物制品股份有限公司
33	甘惠譁	男	嘉定区农业技术推广服务中心
34	高 宇	男	松江区农业技术推广中心

序号	姓名	性别	工作单位
35	高士刚	男	上海市农业科学院
36	高彤辉	男	奉贤区农业农村委员会执法大队
37	高永东	男	上海市农业技术推广服务中心
38	龚才根	男	崇明区农业技术推广中心
39	顾斌	男	浦东新区花木城市管理署
40	顾萍	女	黄浦区绿化管理所
41	顾风华	女	浦东新区农业农村委员会执法大队
42	顾洪根	男	杨浦区园林绿化和市容管理局
43	顾慧萍	女	光明食品（集团）有限公司
44	顾贫博	男	浦东新区农业技术推广中心
45	顾施彪	男	上海永众农资有限公司
46	顾士光	男	金山区农业技术推广中心
47	管丽琴	女	嘉定区农业技术推广中心
48	管秀兰	女	上海市园林学校
49	郭兰	女	青浦区农业技术推广服务中心
50	郭怡	女	宝山区农业技术推广中心
51	郭玉人	女	上海市农业技术推广服务中心
52	韩长安	男	上海市农业技术推广服务中心
53	何吉	男	奉贤区农业技术推广中心
54	洪炳然	男	和平公园
55	侯一鸣	男	黄浦区绿化养护一队
56	胡永	女	青浦区农业技术推广服务中心
57	胡寿祥	男	复兴公园
58	胡育海	男	浦东新区农业技术推广中心
59	黄淼	男	崇明区蔬菜科学技术推广站
60	黄兰淇	女	上海市农业技术推广服务中心
61	黄世广	男	闵行区农业技术推广中心
62	黄巍巍	男	上海光明长江现代农业有限公司
63	黄秀根	男	上海市农业技术推广服务中心
64	黄永洲	男	崇明区农业技术推广中心
65	计天岑	女	松江区农业技术推广中心
66	江涛	男	松江区农业技术推广中心
67	蒋峰	男	青浦区农业农村委员会执法大队
68	蒋建忠	男	奉贤区农业技术推广中心
69	金林	男	青浦区农业农村委员会执法大队
70	金燕	女	青浦区农业技术推广服务中心
71	鞠瑞亭	男	上海市园林科学规划研究院

序号	姓名	性别	工作单位
72	黎伟裕	男	上海光明长江现代农业有限公司
73	李 栋	男	奉贤区农业技术推广中心
74	李 祥	男	青浦区朱家角农业综合服务中心
75	李碧澄	女	上海市农业技术推广服务中心
76	李广记	男	闵行区农业技术推广中心
77	李慧萍	女	松江区林业站
78	李利珍	男	上海师范大学
79	李胜华	男	上海市共青森林公园
80	李文辉	男	宝山区林业站
81	李雅乾	女	上海交通大学
82	李雅珍	女	宝山区蔬菜科学技术推广站
83	李燕辉	女	虹口区绿化管理事务中心
84	李跃忠	男	上海市园林科学规划研究院
85	梁姗姗	女	上海跃进现代农业有限公司
86	林德清	男	金山区农业农村委员会执法大队
87	林齐文	男	上海悦联化工有限公司
88	林祥文	男	上海市农业技术推广服务中心
89	刘 峰	男	嘉定区农业技术推广中心
90	刘 敏	男	崇明区农业技术推广中心
91	刘井涛	男	上海海丰现代农业有限公司
92	刘志诚	男	上海交通大学
93	芦 芳	女	上海市农业技术推广服务中心
94	陆 爽	男	浦东新区农业技术推广中心
95	陆保理	女	嘉定区农业技术推广中心
96	陆玲芳	女	上海市闸北区园林管理所
97	陆群花	女	松江区农业农村委员会执法大队
98	陆圣杰	男	闵行区农业技术推广中心
99	陆文玉	男	闵行区农业技术推广中心
100	陆锡康	男	崇明区农业技术推广中心
101	陆信仁	男	崇明区蔬菜科学技术推广站
102	陆怡然	男	金山区工业区农业技术推广服务站
103	路凤琴	女	闵行区农业技术推广中心
104	吕 晨	男	宝钢厂容绿化公司
105	吕荣兴	男	徐汇绿化建设养护有限公司
106	马 琳	女	上海市农业技术推广服务中心
107	马春风	男	金山区吕巷镇农业技术推广服务站
108	梅国红	男	金山区农业技术推广中心

序号	姓名	性别	工作单位
109	倪 江	女	嘉定区农业技术推广中心
110	倪桃香	女	上海光明长江现代农业有限公司
111	潘国贤	男	奉贤区农业生产资料有限公司
112	潘淑娟	女	青浦区农业农村委员会执法大队
113	潘秀琴	女	奉贤区青村镇农业服务中心
114	裴启忠	女	崇明区农业技术推广中心
115	彭 震	男	上海市农业技术推广服务中心
116	钱林军	男	奉贤区金汇镇农业服务中心
117	钱振官	男	上海市农业科学院
118	单鑫蓓	女	松江区农业技术推广中心
119	沈 杰	男	上海光明长江现代农业有限公司
120	沈翠燕	女	奉贤区金汇镇农业服务中心
121	沈冬春	男	金山区张堰镇农业技术推广服务站
122	沈国辉	男	上海市农业科学院
123	沈慧梅	女	上海市农业技术推广服务中心
124	沈健英	女	上海交通大学
125	沈丽娟	女	上海农乐生物制品股份有限公司
126	沈丽丽	女	光明集团
127	沈为民	男	松江区农业农村委员会执法大队
128	沈雅贞	女	
129	沈雁君	女	崇明区农业技术推广中心
130	盛雅玲	女	龙华烈士陵园
131	施建中	男	宝山区农业农村委员会执法大队
132	施月欢	女	宝山区农业农村委员会执法大队
133	宋伯贤	男	金山区工业区农业技术推广服务站
134	苏 杰	男	宝山区农业技术推广中心
135	苏 鹏	男	松江区林业站
136	孙 雷	男	金山区农业农村委员会执法大队
137	孙连飞	男	松江区农业技术推广中心
138	孙企农	男	
139	孙兴全	男	上海交通大学
140	谭秀芳	女	宝山区农业农村委员会执法大队
141	唐宏亮	女	金山区农业农村委员会执法大队
142	唐亚芹	女	浦东新区农业农村委员会执法大队
143	滕海媛	女	上海市农业科学院
144	田如海	男	上海市农业技术推广服务中心
145	田小青	男	松江区农业技术推广中心

序号	姓名	性别	工作单位
146	田志慧	女	上海市农业科学院
147	汪明根	男	宝山区农业技术推广中心
148	汪祖国	男	奉贤区农业技术推广中心
149	王 春	男	浦东新区农业技术推广中心
150	王 强	男	奉贤区农业农村委员会执法大队
151	王 伟	男	华东理工大学
152	王冬生	男	上海市农业科学院
153	王桂云	男	松江区农业技术推广中心
154	王红梅	女	奉贤区奉城镇农业服务中心
155	王世忠	男	崇明区蔬菜科学技术推广站
156	王伟民	男	青浦区农业技术推广服务中心
157	王伟明	男	奉贤区农业农村委员会执法大队
158	王卫平	女	嘉定区农业技术推广中心
159	王新华	男	金山区枫泾镇农业技术推广服务站
160	王祎颖	男	青浦区农业技术推广服务中心
161	王玉香	女	嘉定区农业技术推广中心
162	王云飞	男	金山区农业农村委员会执法大队
163	王兆元	男	黄浦区绿化养护一队
164	王志平	女	松江区农业技术推广中心
165	卫 勤	女	奉贤区农业技术推广中心
166	魏 丹	女	松江区农业技术推广中心
167	闻伟军	男	金山区张堰镇农业技术推广服务站
168	翁灏宇	女	宝钢厂容绿化公司
169	吴 花	女	金山区吕巷镇农业技术推广服务站
170	吴爱娟	女	上海市农业技术推广服务中心
171	吴洪丹	女	崇明区农业技术推广中心
172	吴建军	男	浦东三行市政综合养护有限公司
173	吴三妹	女	松江区农业技术推广中心
174	吴育英	女	金山区农业技术推广中心
175	武 雯	女	浦东新区农业技术推广中心
176	武向文	男	上海市农业技术推广服务中心
177	奚道珍	女	金山区农业农村委员会执法大队
178	席 东	男	青浦区农业技术推广服务中心
179	夏彩云	女	松江区林业站
180	夏翠华	女	浦东三行市政综合养护有限公司
181	夏希纳	女	上海绿化指导站
182	夏雄勤	男	松江区林业站

序号	姓名	性别	工作单位
183	项建军	男	青浦区农业农村委员会执法大队
184	谢 佳	男	昆山经济技术开发区东城绿化有限公司
185	徐 霖	男	上海昊元农药有限公司
186	徐 柳	女	崇明区农业技术推广中心
187	徐 翔	男	
188	徐 颖	女	上海市园林科学规划研究院
189	徐承杰	男	崇明区农业技术推广中心
190	徐惠林	男	嘉定工业区农业服务中心
191	徐俊华	男	浦东三行市政综合养护有限公司
192	徐柯楠	男	宝山区蔬菜科学技术推广站
193	徐丽慧	女	上海市农业科学院
194	徐盼麟	女	浦东新区农业农村委员会执法大队
195	许佳君	女	崇明区农业技术推广中心
196	薛金龙	男	浦东新区农业技术推广中心
197	严 巍	女	上海市绿化管理指导站
198	颜春梅	女	浦东新区农业农村委员会执法大队
199	杨 超	男	长宁区绿化管理事务中心
200	杨瑾华	女	崇明区农业技术推广中心
201	杨衍强	男	上海市光明米业长江现代农业有限公司
202	姚红梅	女	上海市农业技术推广服务中心
203	姚红艳	女	浦东新区农业技术推广中心
204	姚麒麟	男	松江区农业技术推广中心
205	姚瑞良	男	
206	姚耀仁	男	浦林城建工程有限公司
207	姚再男	男	上海市农药研究所有限公司
208	叶高潮	男	上海海丰现代农业有限公司
209	衣晓琴	女	青浦区农业农村委员会执法大队
210	殷海生	男	中国科学院上海昆虫博物馆
211	尹庆华	男	中山公园
212	余 慧	女	上海市农业技术推广服务中心
213	俞 懿	女	上海市农业技术推广服务中心
214	俞四明	男	金山区枫泾镇农业技术推广服务站
215	虞祥发	男	上海赫腾精细化工有限公司
216	袁联国	男	奉贤区农业技术推广中心
217	袁永达	男	上海市农业科学院
218	詹慧敏	女	国道园林
219	占绣萍	女	上海市农业技术推广服务中心

序号	姓名	性别	工作单位
220	张 浩	男	上海市农业科学院
222	张 剑	男	奉贤区农业农村委员会执法大队
223	张 琳	男	青浦区农业技术推广服务中心
224	张 柳	女	
225	张 平	男	上海海丰现代农业有限公司
226	张 瑜	女	金山区廊下镇农业技术推广服务站
227	张顾旭	男	浦东新区农业技术推广中心
228	张宏俊	男	崇明区农业技术推广中心
229	张建国	男	嘉定区农业技术推广中心
230	张林森	男	宝钢厂容绿化公司
231	张士新	女	光明种业有限公司
232	张天澍	男	上海市农业科学院
233	张耀良	男	浦东新区农业技术推广服务中心
234	张有为	女	崇明区农业技术推广中心
221	张岳峰	女	上海市林业总站
235	张正炜	男	上海市农业技术推广服务中心
236	赵 阳	男	奉贤区农业农村委员会执法大队
237	赵 征	男	浦东新区农业技术推广中心
238	赵胜荣	男	松江区农业技术推广中心
239	赵田芬	男	上海海丰现代农业有限公司
240	赵玉强	男	上海市农业技术推广服务中心
241	支月娥	女	上海交通大学
242	钟 江	男	复旦大学
243	周 良	男	中山公园
244	周春梅	女	金山区农业农村委员会执法大队
245	周玲琴	女	普陀区社区绿化管理所
246	周佩青	女	浦东三行市政综合养护有限公司
247	朱 萍	女	嘉定区外冈镇农业服务中心
248	朱爱萍	女	崇明区农业技术推广中心
249	朱春刚	男	上海市绿化管理指导站
250	朱德渊	男	崇明区农业技术推广中心
251	朱建文	男	金山区农业技术推广中心
252	朱思明	男	浦东三行市政综合养护有限公司
253	朱一磊	男	浦东三行市政综合养护有限公司
254	朱轶人	男	上海市园林科学研究规划院
255	祝建林	男	青浦区农业农村委员会执法大队
256	邹丽芳	女	上海交通大学

附录3 上海市植物保护学会第十一届会员名单

序号	会员姓名	性别	工作单位
1	包士忠	男	崇明区农业技术推广中心
2	毕庆泗	男	上海植物园
3	蔡丹群	男	上海万科物业服务有限公司
4	蔡张莉	女	嘉定区林业站
5	曹宏伟	男	上海精锐建设发展有限公司
6	曹欢欢	女	奉贤区农业技术推广中心
7	曾蓉	男	上海市农业科学院
8	常文程	女	上海市农业技术推广服务中心
9	常晓丽	女	上海市农业科学院
10	陈捷	男	上海交通大学
11	陈磊	男	上海市农业技术推广服务中心
12	陈天	男	上海赫腾精细化工有限公司
13	陈伟	女	上海市农业科学院
14	陈秀	女	上海市农业技术推广服务中心
15	陈碧莲	女	松江区农业技术推广中心
16	陈德章	男	崇明区蔬菜科学技术推广站
17	陈芳芳	女	上海农场上农种植事业部
18	陈桂华	男	金山区农业技术推广中心
19	陈海英	女	嘉定区华亭镇农业服务中心
20	陈建波	男	上海市农业技术推广服务中心
21	陈连根	男	上海植物园
22	陈培昶	男	上海市园林科学规划研究院
23	陈时健	男	浦东新区农业技术推广中心
24	陈侠桦	女	宝山区农业技术推广中心
25	陈义娟	女	上海市农业科学院
26	陈仲兵	男	上海海关动植物检疫处
27	成玮	女	上海市农业技术推广服务中心
28	程玉	女	宝山区农业农村委员会执法大队
29	程梅初	男	嘉定区农业技术推广中心
30	池杏珍	女	上海市园林科学规划研究院
31	崔荣祥	男	嘉定区林业站
32	戴翰	男	上海海关浦东海关
33	戴佳微	女	浦东新区唐镇集体资产管理事务中心
34	戴平平	男	青浦区农业技术推广服务中心
35	丁国强	男	上海市农业技术推广服务中心

序号	会员姓名	性别	工作单位
36	丁新华	男	奉贤区庄行镇农业服务中心
37	董帆	男	松江区农业技术推广中心
38	董红金	女	上海徐行蔬果专业合作社
39	董尚斌	男	上海园林（集团）有限公司
40	樊卫妹	女	上海跃进现代农业有限公司
41	方弟	男	上海乐农农业生产资料有限公司
42	冯泳飚	男	上海昊元农药有限公司
43	冯雨娟	女	上海海关青浦海关
44	冯镇泰	男	上海农乐生物制品股份有限公司
45	甘惠譁	男	嘉定区农业技术推广服务中心
46	高磊	男	上海市园林科学规划研究院
47	高萍	女	上海市农业科学院
48	高宇	男	松江区农业技术推广中心
49	高慧琴	女	金山区朱泾镇农业服务中心
50	高士刚	男	上海市农业科学院
51	高彤辉	男	奉贤区农业农村委员会执法大队
52	高新华	男	上海市农业科学院
53	高永东	男	上海市农业技术推广服务中心
54	葛建明	男	嘉定区林业站
55	龚宁	女	上海市绿化管理指导站
56	龚才根	男	崇明区农业技术推广中心
57	顾萍	女	黄浦区绿化管理所
58	顾慧萍	女	光明食品（集团）有限公司
59	顾美仙	女	金山区亭林镇农业技术推广服务站
60	顾贫博	男	浦东新区农业技术推广中心
61	顾晟骅	男	嘉定区农业技术推广中心
62	顾士光	男	金山区农业技术推广中心
63	顾永君	男	奉贤区南桥镇农业综合服务中心
64	顾玥璐	女	青浦区农业技术推广服务中心
65	关洪丹	女	崇明区农业技术推广中心
66	管丽琴	女	嘉定区农业技术推广中心
67	管培民	男	松江区农业技术推广中心
68	郭兰	女	青浦区农业技术推广服务中心
69	郭怡	女	宝山区农业技术推广中心
70	郭玉人	女	上海市农业技术推广服务中心
71	何吉	女	奉贤区农业技术推广中心
72	何翠娟	女	上海市农业技术推广服务中心
73	贺丽	女	上海易真生态科技有限公司
74	洪佳铭	男	金山区工业区农业技术推广服务站

序号	会员姓名	性别	工作单位
75	胡 永	女	青浦区农业技术推广服务中心
76	胡育海	男	浦东新区农业技术推广中心
77	黄 俭	女	金山区蔬菜技术推广中心
78	黄 雷	男	宝山区绿化建设和管理中心
79	黄 淼	男	崇明区蔬菜科学技术推广站
80	黄佳骅	男	松江区农业技术推广中心
81	黄兰淇	女	上海市农业技术推广服务中心
82	黄世广	男	闵行区农业技术推广中心
83	黄巍巍	男	上海光明长江现代农业有限公司
84	黄秀根	男	上海市农业技术推广服务中心
85	计天岑	女	松江区农业技术推广中心
86	季香云	女	上海市农业科学院
87	江 涛	男	松江区农业农村委员会执法大队
88	姜 斌	男	闵行区农业技术推广中心
89	蒋建忠	男	奉贤区农业技术推广中心
90	蒋杰贤	男	上海市农业科学院
91	金 燕	女	青浦区农业技术推广服务中心
92	金彩华	女	浦东新区农业技术推广中心
93	金云皓	男	闵行区农业技术推广中心
94	金中伟	男	宝山区农业技术推广中心
95	鞠瑞亭	男	复旦大学
96	孔里微	女	上海市绿化管理指导站
97	黎伟裕	男	上海光明长江现代农业有限公司
98	李 程	男	先正达（中国）投资有限公司
99	李 栋	男	奉贤区农业技术推广中心
100	李 丽	女	上海辰山植物园
101	李 敏	女	上海跃进现代农业有限公司
102	李 涛	男	上海市农业科学院
103	李 祥	男	青浦区朱家角农业综合服务中心
104	李 鑫	男	上海国际主题乐园有限公司
105	李碧澄	女	上海市农业技术推广服务中心
106	李慧萍	女	松江区林业站
107	李进前	男	光明农业发展（集团）有限公司
108	李利珍	男	上海师范大学
109	李融梅	女	上海植物园
110	李秀玲	女	上海市农业技术推广服务中心
111	李雅乾	女	上海交通大学
112	李雅珍	女	宝山区蔬菜科学技术推广站
113	李义明	男	上海乐农农业生产资料有限公司

序号	会员姓名	性别	工作单位
114	李跃忠	男	上海市园林科学规划研究院
115	李云飞	男	上海农场有限公司川东种植事业部
116	梁姗姗	女	上海跃进现代农业有限公司
117	林德清	男	金山区农业农村委员会执法大队
118	林齐文	男	上海悦联化工有限公司
119	林祥文	男	上海市农业技术推广服务中心
120	刘 敏	男	崇明区农业技术推广中心
121	刘井涛	男	上海海丰现代农业有限公司
122	刘静远	女	上海海关食品中心
123	刘敏婕	女	兴农药业（中国）有限公司
124	刘仁俊	男	上海海关松江海关
125	刘志诚	男	上海交通大学
126	柳福春	男	上海红太阳农资有限公司
127	卢秀梅	女	上海市农业科学院
128	芦 芳	女	上海市农业技术推广服务中心
129	陆 爽	男	浦东新区农业技术推广中心
130	陆佳浩	男	松江区农业技术推广中心
131	陆秋生	男	金山区农业技术推广中心
132	陆群花	女	松江区农业农村委员会执法大队
133	陆文玉	男	闵行区农业技术推广中心
134	陆晓莉	女	浦东新区农业技术推广中心
135	陆信仁	男	崇明区蔬菜科学技术推广站
136	陆怡然	男	金山区工业区农业技术推广服务站
137	陆志佳	男	徐汇园林发展有限公司
138	路凤琴	女	闵行区农业技术推广中心
139	路广亮	男	上海市园林科学规划研究院
140	罗金燕	女	上海市农业技术推广服务中心
141	罗卿权	男	上海市园林科学规划研究院
142	马 琳	女	上海市农业技术推广服务中心
143	马陈剑	男	金山区朱泾镇农业服务中心
144	马春风	男	金山区吕巷镇农业技术推广服务站
145	冒慧颖	女	松江区农业技术推广中心
146	梅国红	男	金山区农业技术推广中心
147	梅秀凤	女	宝山区农业技术推广中心
148	宓 宝	女	嘉定区农业技术推广中心
149	莫 霏	女	宝山区农业技术推广中心
150	倪 江	女	嘉定区农业技术推广中心
151	倪伟蓉	男	南汇新城镇农业服务中心
152	倪笑霞	女	上海海关崇明海关

序号	会员姓名	性别	工作单位
153	倪秀红	女	浦东新区农业技术推广中心
154	潘卉	女	中国科学院上海昆虫博物馆
155	潘国贤	男	奉贤区农业生产资料有限公司
156	潘秀琴	女	奉贤区青村镇农业服务中心
157	裴启忠	女	崇明区农业技术推广中心
158	裴义玮	男	金山区农业技术推广中心
159	彭震	男	上海市农业技术推广服务中心
160	戚欢军	男	金山区工业区农业技术推广服务站
161	钱炯	男	上海森林绿化工程有限公司
162	钱林军	男	奉贤区金汇镇农业服务中心
163	钱振官	男	上海市农业科学院
164	沙勤	女	上海市崇明区农业农村委员会
165	单鑫蓓	女	松江区农业技术推广中心
166	沈杰	男	上海光明长江现代农业有限公司
167	沈忠	男	上海乐农农业生产资料有限公司
168	沈翠燕	女	奉贤区金汇镇农业服务中心
169	沈冬春	男	金山区张堰镇农业技术推广服务站
170	沈国辉	男	上海市农业科学院
171	沈慧梅	女	上海市农业技术推广服务中心
172	沈丽娟	女	上海农乐生物制品股份有限公司
173	沈丽丽	女	光明集团
174	沈为民	男	松江区农业农村委员会执法大队
175	沈雁君	女	崇明区农业技术推广中心
176	施辰子	男	嘉定区农业技术推广中心
177	施建中	男	宝山区农业农村委员会执法大队
178	施月欢	女	宝山区农业农村委员会执法大队
179	石慧芬	女	东郊宾馆
180	宋志伟	男	上海市农业科学院
181	苏杰	男	宝山区农业技术推广中心
182	苏鹏	男	松江区林业站
183	孙斌	男	上海海关浦东海关
184	孙雷	男	金山区农业农村委员会执法大队
185	孙惠忠	男	上海天圣种业发展有限公司
186	孙丽娜	女	上海市农业科学院
187	孙连飞	男	松江区农业技术推广中心
188	孙荣华	女	上海市园林科学规划研究院
189	孙志远	男	上海海关奉贤海关
190	谭秀芳	女	宝山区农业农村委员会执法大队
191	唐杰	男	上海乐农农业生产资料有限公司

序号	会员姓名	性别	工作单位
192	唐国来	男	上海市农业技术推广服务中心
193	唐宏亮	女	金山区农业农村委员会执法大队
194	唐卫红	女	上海市农业技术推广服务中心
195	陶晴雯	女	青浦区农业技术推广服务中心
196	滕 凯	男	上海海关动植物检疫处
197	滕海媛	女	上海市农业科学院
198	田如海	男	上海市农业技术推广服务中心
199	田小青	男	松江区农业技术推广中心
200	田志慧	女	上海市农业科学院
201	涂广平	男	上海市绿化管理指导站
202	万年峰	男	上海市农业科学院
203	汪明根	男	宝山区农业技术推广中心
204	汪远昆	男	上海海关吴淞海关
205	汪祖国	男	奉贤区农业技术推广中心
206	王 春	男	浦东新区农业技术推广中心
207	王 凤	女	上海市园林科学规划研究院
208	王 欢	女	上海农林职业技术学院
209	王 珏	女	闵行区农业技术推广中心
210	王 强	男	奉贤区农业农村委员会执法大队
211	王 伟	男	华东理工大学
212	王 玮	男	金山区亭林镇农业技术推广服务站
213	王 珍	女	金山区工业区农业技术推广服务站
214	王冬生	男	上海市农业科学院
215	王桂云	男	松江区农业技术推广中心
216	王红梅	女	奉贤区奉城镇农业服务中心
217	王继英	男	松江区农业技术推广中心
218	王建国	男	上海乐农农业生产资料有限公司
219	王书平	男	上海海关食品中心
220	王伟民	男	青浦区农业技术推广服务中心
221	王伟明	男	奉贤区农业农村委员会执法大队
222	王卫平	男	嘉定区农业技术推广中心
223	王闻业	男	上海市第十人民医院
224	王严军	男	上海海关奉贤海关
225	王艳秋	女	松江区农业技术推广中心
226	王一椒	女	上海辰山植物园
227	王依明	男	浦东新区农业技术推广中心
228	王祎颖	男	青浦区农业技术推广服务中心
229	王寅鹏	男	上海海关动植物检疫处
230	王玉香	女	嘉定区农业技术推广中心

序号	会员姓名	性别	工作单位
231	王云飞	男	金山区农业农村委员会执法大队
232	王章训	男	上海市园林科学规划研究院
233	卫 勤	女	奉贤区农业技术推广中心
234	魏 丹	女	松江区农业技术推广中心
235	闻伟军	男	金山区张堰镇农业技术推广服务站
236	吴 花	女	金山区吕巷镇农业技术推广服务站
237	吴 捷	男	中国科学院上海昆虫博物馆
238	吴爱娟	女	上海市农业技术推广服务中心
239	吴宝明	男	上海乐农农业生产资料有限公司
240	吴锦霞	女	闵行区农业技术推广中心
241	吴三妹	女	松江区农业技术推广中心
242	吴晓峰	男	唐镇集体资产管理事务中心
243	吴雪源	男	浦东新区农业技术推广中心
244	吴育英	女	金山区农业技术推广中心
245	武 雯	女	浦东新区农业技术推广中心
246	武向文	男	上海市农业技术推广服务中心
247	奚道珍	女	金山区农业农村委员会执法大队
248	席 东	男	青浦区农业技术推广服务中心
249	夏彩云	男	松江区林业站
250	夏雄勤	男	松江区林业站
251	谢 佳	男	昆山经济技术开发区东城绿化有限公司
252	辛未一	男	上海海关龙吴海关
253	徐 霖	男	上海昊元农药有限公司
254	徐 柳	女	崇明区农业技术推广中心
255	徐 颖	女	上海建科检验有限公司
256	徐芬连	女	奉贤区南桥镇农业综合服务中心
257	徐惠林	男	嘉定工业区农业服务中心
258	徐锦瑾	女	青浦区农业技术推广服务中心
259	徐柯楠	男	宝山区蔬菜科学技术推广站
260	徐丽慧	女	上海市农业科学院
261	许 翔	男	奉贤区绿化管理所
262	许 瑛	男	上海海关虹口海关
263	许佳君	女	崇明区农业技术推广中心
264	薛金龙	男	浦东新区农业技术推广中心
265	杨 超	男	长宁区绿化管理事务中心
266	杨瑾华	女	崇明区农业技术推广中心
267	杨胜明	男	上海跃进现代农业有限公司
268	杨晓华	女	金山区农业技术推广中心
269	杨旭晨	男	老港镇集体资产管理事务中心

序号	会员姓名	性别	工作单位
270	杨衍强	男	光明农业发展（集团）有限公司
271	杨银娟	女	奉贤区农业技术推广中心
272	姚红梅	女	上海市农业技术推广服务中心
273	姚红艳	女	浦东新区农业技术推广中心
274	姚麒麟	男	松江区农业技术推广中心
275	姚颖蓉	女	上海乐农农业生产资料有限公司
276	姚再男	男	上海市农药研究所有限公司
277	叶高潮	男	上海海丰现代农业有限公司
278	叶黎红	男	奉贤区林业署
279	殷海生	男	中国科学院植物生物生态研究所
280	余 慧	女	上海市农业技术推广服务中心
281	俞才军	男	书院镇集体资产管理事务中心
282	虞天华	男	上海海关洋山海关
283	虞祥发	男	上海赫腾精细化工有限公司
284	袁 勋	男	嘉定区林业站
285	袁国徽	男	上海市农业科学院
286	袁联国	男	奉贤区农业技术推广中心
287	袁婷婷	女	青浦区农业技术推广服务中心
288	袁永达	男	上海市农业科学院
289	占绣萍	女	上海市农业技术推广服务中心
290	张 丰	男	上海海关吴淞海关
291	张 浩	男	上海市农业科学院
292	张 剑	男	奉贤区农业农村委员会执法大队
293	张 凯	女	上海共青森林公园
294	张 丽	女	张江镇集体资产管理事务中心
295	张 琳	男	青浦区农业技术推广服务中心
296	张 晶	男	中国科学院上海昆虫博物馆
297	张 平	男	光明农业发展（集团）有限公司
298	张 强	男	上海光明长江现代农业有限公司
299	张 松	男	长宁区绿化管理事务中心
300	张 燕	女	上海乐农农业生产资料有限公司
301	张 瑜	女	金山区廊下镇农业技术推广服务站
302	张顾旭	男	浦东新区农业技术推广中心
303	张佳佳	女	上海乐农农业生产资料有限公司
304	张建国	男	嘉定区农业技术推广中心
305	张金平	男	上海海关宝山海关
306	张菊元	男	嘉定区林业站
307	张时飞	男	上海海关金山海关

序号	会员姓名	性别	工作单位
308	张士新	男	上海万事发实业总公司
309	张颂涵	男	上海市农业技术推广服务中心
310	张天澍	男	上海市农业科学院
311	张玮强	男	闵行区农业技术推广中心
312	张耀良	男	浦东新区农业技术推广中心
313	张毅琴	女	上海农乐生物制品股份有限公司
314	张有为	女	崇明区农业技术推广中心
315	张岳峰	女	上海市林业总站
316	张正炜	男	上海市农业技术推广服务中心
317	章一巧	女	上海绿化管理指导站
318	赵 杰	男	浦东新区农业技术推广中心
319	赵 莉	女	上海市农业技术推广服务中心
320	赵 阳	男	奉贤区农业农村委员会执法大队
321	赵 征	男	浦东新区农业技术推广中心
322	赵驾浩	男	浦东新区农业技术推广中心
323	赵田芬	男	上海海丰现代农业有限公司
324	支月娥	女	上海交通大学
325	钟 江	男	复旦大学
326	周 成	男	松江区农业技术推广中心
327	周 玲	女	上海海关龙吴海关
328	周 倩	女	周浦镇集体资产管理事务中心
329	周春安	男	上海乐农农业生产资料有限公司
330	周春梅	女	金山区农业农村委员会执法大队
331	周德尧	男	嘉定区农业技术推广中心
332	周定邦	男	光明农业发展（集团）有限公司
333	周丽那	女	上海市路政局
334	周婷婷	女	老港镇集体资产管理事务中心
335	朱 建	男	宣桥镇集体资产管理事务中心
336	朱 萍	女	嘉定区外冈镇农业服务中心
337	朱爱萍	女	崇明区农业技术推广中心
338	朱彩华	女	金山区农业技术推广中心
339	朱春刚	男	上海市绿化管理指导站
340	朱德渊	男	崇明区农业技术推广中心
341	朱建文	男	金山区农业技术推广中心
342	朱敏敏	女	新场镇集体资产管理事务中心
343	朱小兵	男	崇明区林业站
344	朱雅君	女	上海海关食品中心
345	邹丽芳	女	上海交通大学

附录 4　上海市植物保护学会组织架构图

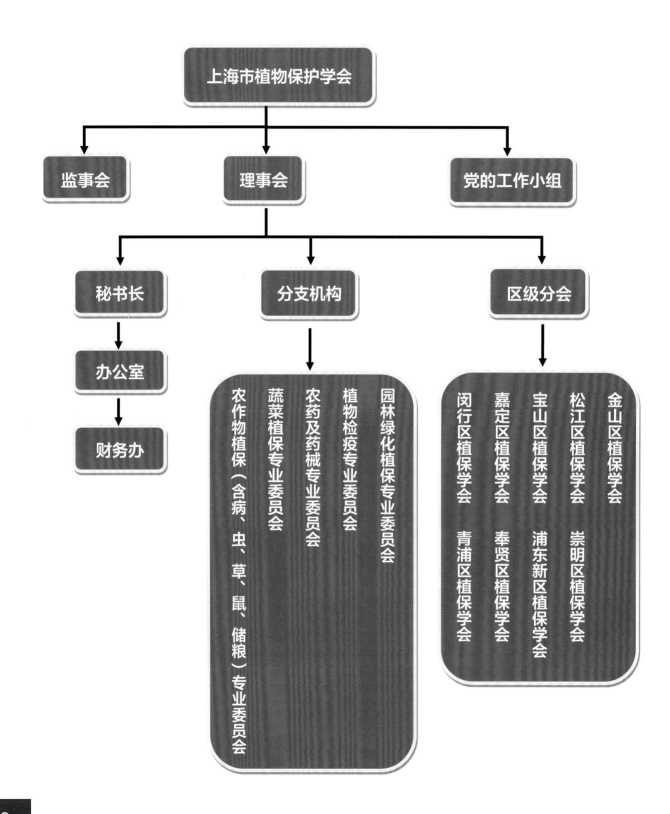

上海市植物保护学会

监事会　理事会　党的工作小组

秘书长　分支机构　区级分会

办公室

财务办

农作物植保（含病、虫、草、鼠、储粮）专业委员会
蔬菜植保专业委员会
农药及药械专业委员会
植物检疫专业委员会
园林绿化植保专业委员会

闵行区植保学会
青浦区植保学会
嘉定区植保学会
奉贤区植保学会
宝山区植保学会
浦东新区植保学会
松江区植保学会
崇明区植保学会
金山区植保学会